Mikilvægasta vitenskapelige oppdagelser i det 20. århundre: en monografi

Flere år siden, bestemte jeg meg for å utforske noen

av de store funnene i naturfag i det tyvende århundre. Jeg ønsket å vite: Hvordan skje vitenskapelige oppdagelser gjør? Hvilke funn er tilfeldig og som er tilsiktet?

Er det vanlige mønstre av oppdagelse?

Hvordan stiler av arbeids- og tenke variere gjøre

fra en vitenskap til den neste, og fra ett

forsker til den neste? Hvordan fungerer den kreative

prosessen i naturfag sammenlignet med den kreative

prosess i humaniora og kunst?

Jeg startet med å spørre mine venner-astronomer,

fysikere, biologer, kjemikere-å nominere

de største funnene i det tjuende århundre i sine felt. Jeg fikk om lag hundre

nominasjoner, og jeg winnowed listen ned

til tjueto.

Hver av disse tjueto funn har

dypt endret måten vi ser på oss selv og vår plass i verden. De opprinnelige funn papirer selv hadde en trylle

for meg. Jeg har ofte vært forundret hvorfor, i

humaniora, vi alltid lese originallitteratur, men i vitenskapen vi sjelden gjør. jeg tror

Det er delvis knyttet til myten om at i

vitenskap er det bare bunnlinjen som teller.

Men i de originale papirene kan vi høre

stemmene til forskerne; vi kan følge deres

linjer med tanke; Vi kan se de store tenkere

sliter med å forstå sin plass i

verden. De originale papirene har noe

at ingen lærebok oppsummering kan erstatte.

De store funnene i det tjuende århundre at jeg valgte å studere er:

1. Max Plancks oppdagelse av Quantum i

1900 avdekket at energi ikke er kontinuerlig

som folk trodde, men faktisk kommer i små klumper kalt kvanter. Hans funn revolusjon kvantefysikk og mye av

datateknologi som vi har i dag.

2. I 1902, to britiske fysiologer, William

Bayliss og Ernest Starling, oppdaget

første menneskelige hormon. Et par år senere, vi

innså at hormoner utgjør et sekund

mekanismen, etter at den nervesystemet, for

kroppen til å kommunisere med seg selv.

3. Albert Einsteins 1905 oppdagelse som tennes

er ikke en kontinuerlig strøm, men kommer i liten

partikler, la grunnlaget for quantum

mekanikk.

4. Einstein nest stor oppdagelse som

samme år trolig den største oppdagelsen

i fysikk of all time-var spesiell relativitetsteori.

Han viste at strømmen av tiden er ikke absolutt, da det virker, men er faktisk relativt til

hver observatør.

Hvordan skjer vitenskapelige oppdagelser gjør? Hvordan virker kreative prosessen i naturfag

sammenligne med den kreative

prosess i humaniora

og kunst?

5. I 1911 Ernest Rutherford funnet kjernen av atom-en liten brøkdel av volumet av atomet som inneholder nesten det

Hele atom masse. Hvis hele ble atom

størrelsen på Fenway Park, ville kjernen

være på størrelse med en marmor.

6. Henrietta Leavitt, en astronomisk assistent ved Harvard College Observatory,

publisert en artikkel i 1912 som viste hvordan

å måle avstanden til stjernene, et funn av enorm betydning i astronomi.

7. I 1912, også, Max von Laue oppdaget en

Fremgangsmåte for måling av arrangementet av

atomer i fast materiale ved hjelp av røntgenstråler.

8. Neils Bohr, den store danske fysikeren, sette

sammen ideene til Planck, Einstein, og

Rutherford i 1913 å konstruere, teoretisk,

den første quantum modell av atom.

9. I 1921 Otto Loewi oppdaget at nervene

kommunisere med hverandre ved sekresjon

av et kjemikalie.

10. Werner Heisenberg, en av grunnleggerne

av moderne kvantefysikk, publiserte sin

berømte Usikkerhet prinsipp i 1927. Det opprettholder blant annet at vi ikke kan

forutsi helt nøyaktig fremtiden

fra nåtiden, selv om vi visste at alle de lover

i fysikk. Problemet er at vi ikke kan

måle, eller vet, posisjonene og hastighetene av partikler, eller til og med en enkelt partikkel, i

en hvilken som helst innledende øyeblikk av gangen. I tillegg til

ha betydning for fysikk, dette funnet

har stor filosofisk, teologisk, og

etisk betydning.

11. Linus Pauling, i 1928, publiserte sin første

papir på en forståelse av den kjemiske

obligasjon, de kreftene som holder to eller flere atomer

sammen for å danne et molekyl. Pauling er eneste personen som har vunnet Nobelprisen i både innen vitenskap og i fred.

12. Making utstrakt bruk av Henrietta Leavitt tidligere arbeider, California astronomen Edwin Hubble, i 1929, fant bevis som viser at universet utvider seg.

13. I 1929, Alexander Fleming publiserte sin papir på penicillin, det første antibiotikumet, hvilke førte til hele medisinsk revolusjon som har reddet millioner av liv.

14. I 1937, Hans Krebs utviklet det som nå kalt Krebs syklus: sekvensen av kjemiske reaksjoner ved hvilke maten blir omdannet til energi i enkeltceller.

15. Fysiker Lise Meitner og kjemiker Otto Hahn oppdaget fisjon i 1939 i en eksperiment som besto av bombardere uran atomer med nøytroner. i forrige eksperimenter, når du bombardert en veldig heavy atom som uran med en liten subatomær partikkel, du bare chipped av en bit av

den større kjernen. Hahn var ventet å

finne andre atomer i rusk som var bare

litt mindre massiv enn uran. Men i hans

kjemisk test, fant han at etter bombardementet, restene syntes å ha den

kjemiske egenskaper av barium, som er halvparten

massen av uran. Det var som om uran

nucleus hadde blitt delt i to av en diminutiv

nøytron, ligner til å splitte et fjell i

to med en stein fra en sprettert. Hahn gjorde

det eksperimentelle arbeid og Meitner laget

den teoretiske tolkningen.

Hahn skrev i sin avis: "Som kjemikere, vi

egentlig burde revidere forfallet ordningen gitt

ovenfor, og sette inn symbolet for barium i stedet for symbolet for radium, som er svært

lukke til uran. Men som 'kjernefysiske kjemikere' arbeider svært nær innen fysikk,

Vi kan ikke få oss ennå å ta en slik

drastisk skritt, som går mot alle tidligere

erfaring innen kjernefysikk. Det kunne,

kanskje være en rekke uvanlige tilfeldigheter

som har gitt oss falske indikasjoner. "Of

Selvfølgelig lærer vi om kort tid senere at hans tester

var riktig: Han ble påvise barium, og

Dette var begynnelsen på atomalderen.

16. Barbara McClintock i 1948 oppdaget

at gener kan flytte rundt på individuell

kromosomer. Før det, trodde folk

kromosomet var som en fast kjede, med

faste lenker.

17. Rosalind Franklin, James Watson, og

Francis Crick oppdaget struktur

dna i 1953.

18. Max Perutz, en fysisk kjemiker, oppdaget strukturen til hemoglobin i 1960.

19. I 1965, Robert Wilson og Arnold Penzias tilfeldigvis oppdaget radiobølgene

igjen fra the Big Bang. Robert Dicke, en

Princeton fysiker, som var både en experimentalist og en teoretiker, først tolket

de er oppdaget. Faktisk, noen måneder tidligere,

Dicke hadde spådd at radiobølger igjen

over fra Big Bang skal gjennomsyrer

all plass. Han var å bygge en eksperimentell apparatur som ville oppdage disse radio

bølger når Penzias og Wilson fortalte ham

at de hadde funnet denne radioen susing i deres

antenne som de ikke gjenkjenner. Dicke

innså at de faktisk hadde gjort oppdagelsen at han var bare en måned eller to unna

fra å gjøre seg selv. Penzias og Wilson

slutt vant Nobels fredspris.

20. I 1967, Steven Weinberg uavhengig

oppdaget den første moderne enhetlig teori

i fysikk, som viser at to grunnleggende

styrker var faktisk en del av den samme kraft.

21. I 1969, Jerry Friedman, med Henry Kendall og Richard Taylor, oppdaget kvarker.

Kesam er den minste kjente elemental

litt av saken. Da vi var på skolen, vi

ble fortalt at proton og nøytron er

de minste partiklene i kjernen av

atom. Siden da har vi lært at hver

proton og nøytron er sammensatt av tre

kvarker.

22. I 1972, Stanford biologen Paul Berg oppdaget rekombinant dna, der to

tråder av DNA fra forskjellige organismer

er gått sammen for å lage en ny tråd av

dna og en endret livsform som aldri har eksistert før i naturen.

* * *

Det er to spesielle funn som jeg vil

liker å beskrive mer i detalj: Det ene er Otto

Loewi oppdagelse av at nervene kommuniserer

med hverandre ved sekresjon av et kjemikalie. Den andre er Henrietta Leavitt oppdagelse

av en fremgangsmåte for å måle avstandene til stjerner.

I en av de mest bemerkelsesverdige fortellinger

vitenskapelig oppdagelse, husket hvordan Otto Loewi

ideen til å teste hvordan nervene kommuniserer kom til ham i en drøm: «Kvelden før påskedag of [1921] Jeg våknet, snudde

på lyset, og noterte ned noen notater på

en liten papirlapp. Så jeg sovnet igjen.

Det slo meg klokken seks om morgenen at i løpet av natten hadde jeg skrevet ned

noe det viktigste, men jeg var ikke i stand

Den første kategorien er den

ulykke, i hvilken

vitenskapsmann oppdager

noe som han eller

hun var ikke ute etter

å dechiffrere rabbel. Neste kveld, på

tre i morgen, returnerte ideen. Det var en utforming av et eksperiment for å

avgjøre om hypotesen om eller ikke

kjemisk girkasse [av det nervøse impuls, fra nervene til sine organer] var sant.

Jeg fikk opp umiddelbart, gikk til laboratoriet

og utført et enkelt eksperiment på en frosk

del, i henhold til den nattlige utforming. . . . "

På tidspunktet for sin drøm i 1921, var det vel

kjent at nervesystemet er det primære middel for kommunikasjon i kroppen.

Det var også kjent at det i et individ nerve,

kommunikasjonssignalet er elektrisk. Hva

ikke var kjent var hvordan nervene formidles

sine impulser fra en nerve til den neste, eller

fra en nerve til et organ. Med andre ord, hvordan

trenger nerver snakke med resten av kroppen? mest

biologer mente at nervene kommunisert

med andre nerver og med organer ved elektrisitet. I dette synet, små elektriske strømmer

ville flyte fra en nerve til den neste.

Loewi sin kveldsåpne forsøket var ikke bare

enkel, men elegant. Han tok hjertene ut av

to frosker og fjernet alle nerver fra

det andre hjertet. Inn i begge hjerter han satt inn

et metallrør fylt med Ringers løsning, som

varer med konsentrasjonen av salter i kroppen

og holder isolert hjerter levende. Det er vanskelig å

forestille seg, men disse hjertene var fortsatt juling

utsiden av dyrene. Loewi deretter stimulert vagus nerve av de første hjerte den

hjerte som hadde nervene fortsatt festet. den

nervus vagus bremser ned funksjoner av organer, og hjertets hastighet på vibrerende bremset

ned som forventet.

Etter noen minutter, tok han væske fra

den første hjerte og helte det inn i røret går inn i den andre, nerveless, hjerte. den

andre hjerte bremset ned, akkurat som om sin egen

vagus nerve hadde blitt stimulert. da han

fokusert på gasspedalen nerve, hvilke

hastigheter opp alle funksjoner. Da han stimulert

akseleratoren nerve av første hjerte, det

sped opp. Han tok deretter væsken ut av

rør som hadde blitt sittende fast i det første hjerte

og strømmet det inn i røret som går inn i

andre hjertet, som satte fart i tillegg. Resultatene gitt bevis for at

overføring fra en nerve til et organ, eller

fra en nerve til en annen nerve, er kjemiske,

ikke elektrisk. Den stimulert nerve skilles

et kjemisk. Loewi hadde oppdaget nevrotransmittere.

Henrietta Leavitt er fortsatt i stor grad ukjent

for publikum. De fleste astronomi bøker, selv
i dag, inneholder bare noen få setninger om
henne. Hun fikk ingen medaljer, ingen ære, ingen
utmerkelser, og ingen ærestitler i løpet av sin
levetid. Hun etterlot seg bare en svært liten
antall bokstaver, for det meste skrevet til Edward
C. Pickering, direktør for Harvard College Observatory, hvor hun jobbet. der
er en fersk bok om Henrietta Leavitt av
George Johnson, som inneholder de fleste
det lille som er kjent om henne.

Leavitt utviklet en viktig ny metode
for å måle avstand i astronomi. når
du går ute på en klar natt og ser opp
på himmelen, ser du bare en todimensjonal
bilde. Du vet ikke hvor langt unna de
små lyspunkt. Dersom alle stjerner hadde den samme
luminositet-tenke på lysstyrken som watt-så de nærmere de ville dukke opp
lysere og de videre som dimmer, og

du kan bedømme avstand med lysstyrke. men,

faktisk, stjernene kommer i et bredt spekter av lysstyrke. Så hvis du ser et lite lys der i rommet,

du vet ikke om det er tilsvarende

av en 1-watts penlight som er veldig i nærheten, eller en

10.000 watt flomlys som er langt unna.

Uten å vite avstanden til objekter i

plass, visste vi ikke noe om

kosmos utover solsystemet: vi gjorde ikke

vet hvor stor vår galakse er, eller om det

er andre galakser i tillegg til våre. Hva

vi trenger er en liten etikett på hver stjerne fortelle oss

hva dens wattstyrke er. Henrietta Leavitt funnet

en måte å sette den lille etiketten på hver stjerne.

Hun ga astronomi den tredje dimensjonen.

Leavitt ble født 4. juli 1868 i Lancaster,

Massachusetts. Hun var datter av en

Congregationalist minister, og hun forble

religiøs hele hennes liv. Hun giftet seg aldri.

Fra 1888 til 1892 studerte hun klassikere, språk og astronomi ved Society for

Collegiate Opplæring av kvinner i Cambridge, som nå er Radcliffe College.

I 1895 ble hun en frivillig assistent ved

Harvard College Observatory, bli en

dusin andre kvinner som arbeidet for

dens diktatorisk regissør, Edward C. Pickering.

Slike kvinner ble kalt datamaskiner: de

bokstavelig beregnet. Jobbe i to rom på

Harvard College Observatory med ca.

åtte kvinner til et rom, de gjorde utrolig

møysommelig arbeid. Fotografi hadde nettopp kommet

i astronomi rundt 1900 eller så. med det

kom evnen til å analysere store mengder

data, fordi en fotografisk plate kunne

holde bilder av tusen eller flere stjerner.

Disse kvinnenes datamaskiner ble leid inn for å kalibrere og analysere hver av disse små punkter

lys på fotografisk plate. siden disse

var negative, de var svarte punkter. du

kan forestille deg hvor kjedelig og møysommelig dette arbeidet var. Pickering hyret disse kvinnene fordi han kunne betale dem mye mindre enn han ville ha måttet betale en mann til å gjøre det samme arbeids og når du hadde alle disse dataene å analysere, du trengte en billig kilde til arbeidskraft. På den annen side, dette var det første mulighet for mange kvinner i USA Statene til å starte vitenskapelige karrierer.

En familiekrise i 1900 kalt Leavitt bort fra observatoriet. Etter et fravær av to år, skrev hun til Pickering: "Jeg er mer beklager enn jeg kan fortelle deg at det arbeidet jeg foretok med en slik glede, og fraktet til en visst punkt, med en slik nytelse, bør være venstre uavsluttede." Men i 1902, i en alder av trettifire, kom hun tilbake til Harvard College Observatory og ble ansatt på heltid, med en lønn på tretti cent i timen, noe som tilsvarer i dagens dollar til om lag åtte dollar i timen. Hun ble gradvis døv.

Så nå forestille henne i arbeid med disse fotografiske plater med tusen små flekker

på hver plate i en verden av stillhet.

Den andre kategorien,

som er meget fortynnede, er

'Prinsipper første. "Her

vitenskapsmann begynner med en filosofisk prinsipp og deretter

utforsker konsekvensene

av dette prinsippet.

Den tredje kategorien er

betimelig ledetråd, der

vitenskapsmann blir konfrontert med

en viktig ledetråd bare på

det øyeblikket når han er

sliter med en anerkjent problem.Communication

Prosjektet Pickering tildelt henne, noe som resulterer

i hennes store bidrag i astronomi, var

å analysere en viss form for stjerne kalles en Kefeide. Disse stjernene, i motsetning til vår sol,

ikke forblir konstant i lysstyrke; i stedet får de lysere, da dimmer, deretter lysere, da dimmer, i en vanlig, periodisk

måte, i sykluser som varierer fra en dag til tretti

dager. Leavitt oppdrag var å måle

syklustider , og de lysheter, av det

gruppen av svake Cepheid stjerner, alt tett sammen i en bestemt region av plass kalt

Den lille magellanske sky. Leavitt gjorde dette

arbeide ved å sammenligne fotografiske plater tatt på forskjellige tider og bestemme hvilke

små svarte flekker hadde blitt større og

hvilke som ble bor det samme. Hun la merke til et mønster, en uventet en: lysere Cepheid stjerner hadde lengre syklustider. den

korrelasjon var tilstrekkelig bra at hun

kunne antyde en Cepheid lysstyrke ved å måle sin syklus tid.

Dette funnet var viktig, fordi alle disse

stjerner var i samme region av plass, og

slik at det kunne legges til grunn at de var alle

fysisk nær hverandre. Hvis de er alle veldig

tett sammen, det betyr at den lysere

stjerner faktisk har en høyere lysstyrke. det er

som å se en haug med lys i en fjern of-

Office bygningen. Siden lyspærer er alle i

samme sted, vet du det lysere

de har større egenverdi lysstyrke, eller

større wattstyrke.

Leavitt hadde, i kraft, funnet en måte å sette det

tag på en Cepheid stjerne ved å oppdage en sammenheng mellom indre glød og sykle

tid. Når vi vet den iboende effekten på

en stjerne, kan vi måle avstanden ved hvordan

lyse den vises.

Hennes arbeid ble publisert i en tresiders papir

i Harvard College Observatory Newsletter,

signert av Pickering. I 1918 Harlow Shapley,

som senere skulle bli direktør for observatoriet og president i den amerikanske

Academy, brukte hennes metode for å måle kosmisk avstand for å måle størrelsen av vår galakse,

Melkeveien. I 1924, Edwin Hubble brukes

Leavitt funn å vise at andre galakser

ligger utenfor vår, og i 1929, brukte han sitt arbeid

å vise at universet som helhet er i vekst. Spille at utvidelsen bakover i tid, var vi i stand til å konkludere med at universet som helhet begynte ca 10 milliarder år

siden. Alle disse utrolige oppdagelser kom

fra Henrietta Leavitt innledende funn av hvordan

å måle avstandene til stjernene.

Leavitt tittel ved Harvard College Observatory, fra begynnelsen til slutten, var

"Assistent". Hun har aldri bedt om noe

mer. Hun døde av kreft den 12. desember,

1921, i en alder femtitre, ukjent med nesten

alle bortsett fra noen astronomer som var

klar over hennes arbeid. Kort tid før hun døde,

Henrietta Leavitt skrev ut hennes vilje, og etterlot

hennes eiendeler til sin mor: bokhylle

og bøker, $ 5; folding skjerm, $ 1; rug, $ 40;

tabell, $ 5; stol, $ 2; skrivebord, $ 5; bedstead, $ 15;

to madrasser, $ 10; en obligasjon på $ 100 ansiktet

verdi; en obligasjon på $ 48,56; en obligasjon på $ 50.

Harvard astronomen Solon Bailey skrev dette

om Leavitt i hennes 1922 nekrolog: "Hennes sans

av plikt, rettferdighet og lojalitet var sterk. Miss Leavitt var av en spesielt stille og pensjon natur, og absorbert i hennes arbeid til en uusual grad. "Tre år etter hennes død, i 1925, Professor Mittage-Leffler av den svenske Academy of Scientists skrev et brev til Henrietta Leavitt, sier at han ønsker å nominere henne for en Nobelpris. Han gjorde ikke vite at hun hadde dødd tre år tidligere.

* * *

Fra mitt utvalg av disse tjueto funn, jeg har prøvd å se om jeg kan gjøre noen generaliseringer. Jeg har utviklet hva man kan kalle en taksonomi av vitenskapelige funn, der jeg har gruppert alle funn inn i seks kategorier. Selvfølgelig er slike taksonomi subjektive; ingen vet nøyaktig hva som skjer i den kreative prosessen. den virkelige testen er å se om dette systemet gjelder funn i det nittende århundre, det attende århundre, og så videre.

Den første kategorien er ulykken, der

forskeren oppdager noe som han eller

hun var ikke ute etter. Om lag en fjerdedel av

de funn som jeg så på fall i denne

kategori. Oppdagelsen av Penzias og Wilson i 1965 av de kosmiske bakgrunnsstrålingen-de radiobølger-er et eksempel på

en ulykke. Alexander Fleming oppdagelse

av penicillin i 1928 var også en ulykke. han

kom inn i sitt laboratorium en dag og fant

hvit fluff vokser på hans stafylokokker kolonier; hvor det rørte koloniene, de

ble drept.

Den andre kategorien, som er svært fortynnede,

er "prinsipper først." Her forskeren begynner

med en filosofisk prinsipp og deretter utforsker konsekvensene av dette prinsippet.

Den fremste eksempel på dette er Einsteins

oppdagelsen av tiden på veien oppfører den spesielle relativitetsteorien. Her Einstein

startet med den filosofiske prinsippet om at

det er ikke noe slikt som en tilstand av absolutt

hvile i universet. Hvis du var i en bil som går med en konstant hastighet og trakk nyanser

ned slik at du ikke kunne se ut av

vindu, ville du ikke være i stand til å fortelle hvordan

fort du beveger deg, eller selv om du flytter

i det hele tatt. Fra dette prinsippet, Einstein utledet

alle ligningene av spesielle relativitetsteori.

Den tredje kategorien er rettidig ledetråd, der

forskeren blir konfrontert med en viktig

anelse akkurat i det øyeblikket når han sliter

med et anerkjent problem. Barbara McClintock oppdagelse på 1940-tallet at gener

kunne flytte rundt på kromosomene er en

eksempel på denne typen. Hun forsøkte å

forstå hvordan pigment-kontrollerende gener

var å slå på og av i vekstsyklusen

av en enkelt korn plante. Fenomenet synes ikke i en tilfeldig mutasjon, men i noen

vanlig måte. En dag i 1946, mens du ser

på de fargede striper på bladene av henne

mais plante, la hun merke til at disse mutasjonene

kom i par. Det var den kritiske hint hun

nødvendig.

Den fjerde kategori er analogi, i hvilken

vitenskaps gjelder et konsept eller et mønster fra

et tidligere problem. En god illustrasjon på

dette er Krebs oppdagelse av de kjemiske reaksjonene som energi frigjøres i

en enkelt celle. Et par år tidligere hadde han

oppdaget en annen syklus i biokjemi,

den "ornitin syklus", som starter med en

kjemisk kalt ornitin, deretter endres til

citrulline, som endres til arginin, før du slår tilbake i ornitin. I prosessen, ammoniakk, som er giftig for kroppen, er

absorbert og urea er gitt av. Krebs hadde

ideen om sykluser i hans sinn.

Den femte kategorien er nye verktøy. Noen ganger

et nytt instrument kommer sammen, som en

Særlig forsker har eksklusiv tilgang, og

han eller hun bruker den til å lage en stor oppdagelse. en

eksempel er Edwin Hubbles oppdagelse av

utvidelsen av universet. Jeg sier ikke at Hubble ikke var en briljant mann, men han hadde eksklusiv tilgang til det nye hundre-tommers Hooker teleskop på Mt. Wilson. Andre astronomer jobbet med det samme problemet, men Hubble hadde det største teleskopet i verden.

Den siste kategorien, en som gir håp til meg og for mange mennesker, er det jeg kaller den "lange hale, "der er det ikke en eneste innsikt, eller en enkelt genial idé, men langsom, jevn, engasjerte, inkrementell arbeid over lang tidsperiode som produserer en stor oppdagelse. Et eksempel er Max Perutz oppdagelse av den tredimensjonale strukturen til hemoglobin, noe som tok seg to og tyve år 1938-1960.

Det er noen vanlige mønstre på tvers av disse seks kategorier av oppdagelsen. De fleste funn innebære en syntese, hvori forskeren bringer sammen tråder av informasjon fra tidligere funn. For eksempel, Bohr oppdagelse av kvante-atomet som brukes arbeidet til

Planck, Einstein og Rutherford.

Den siste kategorien. . . er

det jeg kaller "lang hale",

hvor det ikke er en enkelt innsikt, og heller ikke en enkelt

glimrende idé, men treg,

jevn, engasjert, inkrementell arbeid over lang

tidsperiode som produserer en stor oppdagelse.

Et annet mønster som forekommer i mange, men ikke

alt, er funn følgende sekvens av

begivenheter: Først kommer forskning og hardt

arbeid, som fører til det jeg kaller "den forberedt

mind.»Så, vil en vitenskapsmann blir sittende fast på en

problem. Til slutt, etter å ha blitt sittende fast, kan han eller hun

vil ha en forskyvning i perspektiv, en ny måte å

ser på problemet. Lise Meitner forståelse av atom ½ssion fulgte dette

mønster. Så gjorde Watson, Crick, og Franklins

Oppdagelsen av strukturen til DNA. Og andre også.

Den forberedt sinn er avgjørende. Jeg vet ikke

av noen eksempler på store vitenskapelige funn i det tjuende århundre gjort av utrente amatører. Selv når oppdagelsen

var tilfeldig, selv når forskeren var

ikke ute etter oppdagelsen, hans eller hennes sinn

var forberedt på å realisere funnets betydning. Å være fast er også en svært viktig

en del av den kreative prosessen. dette frustrerende

mental tilstand-etter at du har gjort ditt

lekser, etter at du vet hva det viktige problemet som skal løses er-liksom katalyserer den kreative fantasi.

Jeg har sett dette mønsteret av funn i kunst

samt realfag. Som både en romanforfatter og

en fysiker, har jeg opplevd dette mønsteret

av funnet. Jeg har anerkjent det samme mønsteret når forfattere og skuespillere snakke om sine

kreative prosessen. La meg lese et utdrag fra

The Paris Review, som har en fantastisk,

langvarige sett intervjuer med forfattere.

I 1990 kommen Wallace Stegner: "Jeg

ikke gå på jakt etter prosjekter. Noen ganger

de vises foran øynene mine, og noen ganger

de vokser over en lang tidsperiode, som jeg stamfisk. "Med tilfelle av Crossing til sikkerhet, en av hans romaner, sa han: "Jeg visste fra begynner det skulle bli en bok. du har den følelsen. Det er som en fisk på linjen. Men jeg visste ikke hva bestille det skulle være. Jeg måtte oppdage at ved prøving og feiling. "

I Janet Sonenberg bok The Actor Snakker: Twenty-Four Skuespillere Snakk om Prosess og Technique, John Turturro (som var i blant andre ting, Barton Fink og The Secret Window) skrev: "Når scenens dynamikk er begynner å skje, jeg skal gå med det og prøv å skifte det også, akkurat som du ville gjort i livet. den forskyvning er viktig. Så, hvis jeg kan få til poenget når jeg vet at det skjer, og jeg vet ikke hva jeg gjør, er at inspirasjon. Jeg har gjort alt arbeidet mitt, og deretter Jeg prøver å få til dette andre levende dimensjon. "

Til slutt, det er ingen enkel vitenskapelig personlighet. En vitenskapsmann kan være modig og selvsikker, som Einstein eller Rutherford eller Watson. En vitenskapsmann kan også være beskjeden og stille, som Leavitt eller Krebs eller Fleming eller Meitner. William

Bayliss, som oppdaget den første hormon i

1902, var forsiktig, grundig, forelsket

detaljene. Hans samarbeidspartner, Ernest Starling,

var akkurat det motsatte. Han var livlig, utålmodig,

engasjert hovedsakelig i den brede sveip av ting.

Hva alle disse menn og kvinner shared-

og dette jeg så i hvert enkelt funn,

om folket fikk oppmuntring

eller motløshet fra sine foreldre, om de var det revolusjonerende type eller den

pensjonere type var en lidenskap å vite, en ren

glede i å løse oppgaver, en uavhengighet

i sinnet. Den amerikanske biologen Barbara

McClintock mintes at i videregående skole vitenskap klasser, "Jeg ville løse noen av problemene på måter som ikke var svarene de

instruktør forventet. Det var en enorm

glede, hele prosessen med å finne det svaret,

en ren glede. "Da den tyske atomfysiker Lise Meitner var en liten jente, hennes bestemor advarte henne om at hun aldri skulle sy

på sabbaten fordi himmelen ville

komme rase ned. Så den lille jenta bestemte seg for å gjøre et eksperiment. Hun rørte henne

nål til hennes broderier, ventet, og så

opp; men ingenting skjedde. Så tok hun en

enkelt sting, ventet, så opp, og ingenting

skjedde. Endelig fornøyd at hennes bestemor hadde tatt feil, fortsatte hun med å sy!......

www.ingramcontent.com/pod-product-compliance
Lightning Source LLC
Chambersburg PA
CBHW070732180526
45167CB00004B/1721